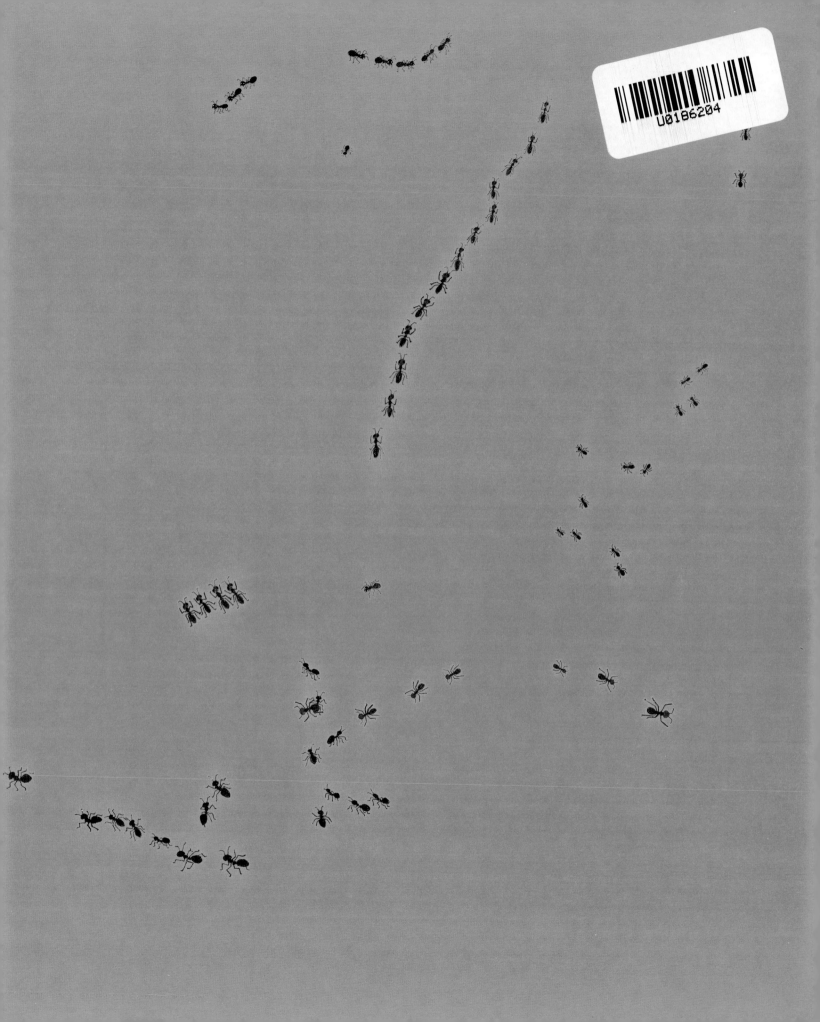

感谢里基·海兰泰英在我创作本书时给我的启发，感谢瑞典文化基金会、芬兰科学编辑协会和芬兰非虚构类作家协会的支持。

——卡佳·巴尔古姆

感谢外祖父哈里·克罗格鲁斯赋予我创作本书的灵感，感谢芬兰文化基金会的支持。

——珍妮·卢坎德

图书在版编目（CIP）数据

蚂蚁们的领奖时刻 /（瑞典）卡佳·巴尔古姆著；（瑞典）珍妮·卢坎德绘；徐昕译 . -- 北京：科学普及出版社，2023.4
ISBN 978-7-110-10558-0

Ⅰ.①蚂… Ⅱ.①卡…②珍…③徐… Ⅲ.①蚁科—普及读物 Ⅳ.① Q969.554.2-49

中国国家版本馆 CIP 数据核字（2023）第 038096 号

Myrornas rekordbok
Text Katja Bargum, 2022
Illustrations Jenny Lucander, 2022
Chinese edition published in agreement with Koja Agency

北京市版权局著作权合同登记 图字：01-2023-0626

策划编辑：李世梅	责任校对：焦 宁
责任编辑：郑珍宇 孙 莉	责任印制：马宇晨
装帧设计：蚂蚁设计	

出版：科学普及出版社	邮编：100081
发行：中国科学技术出版社有限公司发行部	发行电话：010-62173865
地址：北京市海淀区中关村南大街 16 号	传真：010-62173081
网址：http://www.cspbooks.com.cn	

开本：889mm×1194mm 1/12	
印张：4	字数：70 千字
版次：2023 年 4 月第 1 版	印次：2023 年 4 月第 1 次印刷
印刷：北京瑞禾彩色印刷有限公司	

书号：ISBN 978-7-110-10558-0 / Q·285	定价：68.00 元

［瑞典］卡佳·巴尔古姆 著

［瑞典］珍妮·卢坎德 绘

徐 昕 译

蚂蚁们的领奖时刻

科学普及出版社

·北 京·

北美洲

南美洲

这本书讲的是蚂蚁和它们的奇妙能力。蚂蚁创造了很多世界纪录，这是因为它们拥有超能力。

你也许会问，是什么超能力？蚂蚁那么小，它们能打破什么纪录？

蚂蚁有着很多不为人知的天赋。多亏了这些天赋，它们可以在世界各地生存。蚂蚁可以住在最高温度达五十摄氏度的沙漠里，可以住在一颗橡子里面，可以住在地下，也可以住在树梢上，甚至可以住在你的家里。

蚂蚁可以建造出比一个成年人还要高的蚁丘。它们甚至可以通过互相抓紧对方形成一个蚂蚁球，组合成能移动的蚁巢。

欧洲

亚洲

非洲

大　洋　洲

地球上大约有 1 000 000 000 000 000 只蚂蚁，也就是说，有一千万亿只蚂蚁。

如果地球上所有的蚂蚁排成一列，这个队伍的长度相当于往返地球和太阳十次的距离！

想不到吧？你准备好去了解蚂蚁们创造的更多纪录了吗？那就翻到下一页！

最好的嗅觉

你有没有近距离观察过蚂蚁？凑近了看，它们的样子就像外星人一样。

事实上，蚂蚁的身体就像一个小型的气味工厂，它们身上的很多部位都会散发气味。嗅觉器官是蚂蚁最重要的感官。

对于蚂蚁来说，颚既是手也是嘴。蚂蚁可以用颚搬运很重的东西，也可以用颚来撕咬敌人，或咀嚼美味的食物。

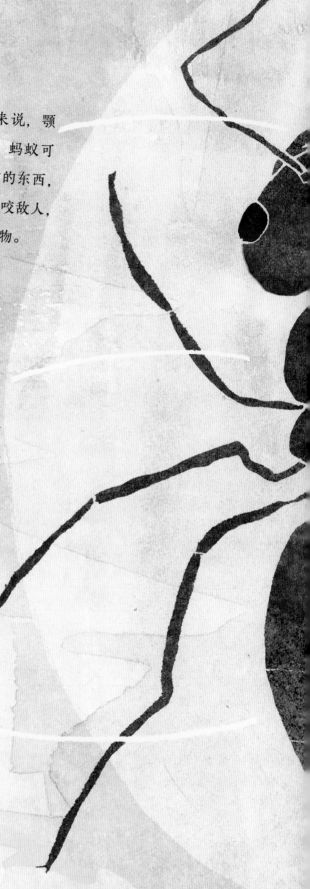

蚂蚁的身体里有大量的腺体，用来制造各种芳香物质。来自同一个蚁群的蚂蚁有着相同的气味。当两只蚂蚁相遇时，它们会互相闻对方的气味，来辨识彼此的身份。如果另一只蚂蚁的气味是陌生的，它们就会打起来。

蚂蚁甚至能用脚来感觉气味！

一只蚂蚁找到食物后，在回蚁巢的路上会用屁股留下信息素。它用屁股摩擦地面，好让信息素留存在地上，这样其他蚂蚁就能循着这个化学痕迹找到那些食物。

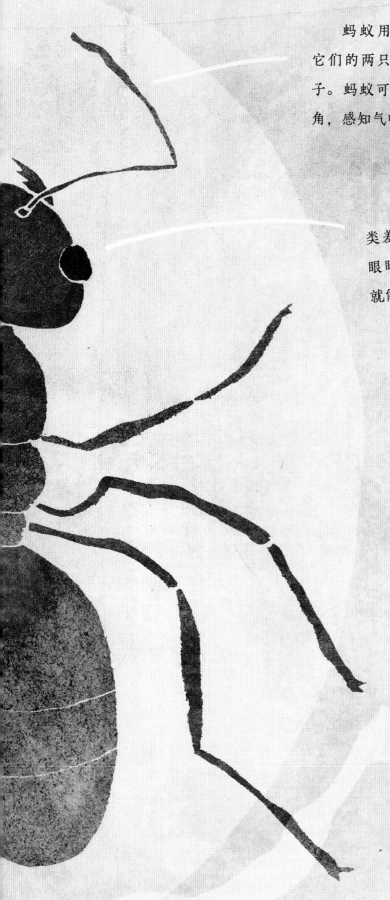

蚂蚁用触角来辨识气味，它们的两只触角就像两个大鼻子。蚂蚁可以通过来回移动触角，感知气味传来的方向。

蚂蚁的视力比我们人类差，一些蚂蚁完全没有眼睛，但是它们单靠嗅觉就能活得很好。

你是在找蚂蚁的耳朵吗？它们没有耳朵！

长脚沙漠蚂蚁可以通过嗅觉找到6米外它们想吃的动物尸体。如果你有同样敏锐的嗅觉，就可以闻到500米外的一条烂鱼散发的臭味。

我要去触角指的地方！

最佳嗅觉奖颁给长脚沙漠蚂蚁

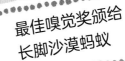

最大的蚁巢

　　世界上最大的蚁巢位于日本北海道岛上。这里的成千上万个蚁丘组成了一个蚂蚁的村落。这些蚁丘的覆盖范围有400个足球场那么大。如果你想从蚂蚁村落的一头走到另一头，需要花上一个小时。

　　蚂蚁们在蚁丘间来回走动，把每一个蚁丘都当成自己的家。这样的蚂蚁村落通常被称为"超级群落"。

今晚我该选择哪一个家？

"最大蚁巢的拥有者"的头衔授予生活在北海道岛的石狩红蚁

在地上爬来爬去的蚂蚁大多为雌性，它们叫工蚁，因为它们总是做最多的工作，负责料理蚁巢内外几乎所有的事情。工蚁们通常有共同的爸爸和妈妈。

工蚁们从一出生起就终日劳作。它们小时候在室内工作，负责照顾幼小的弟妹，打扫蚁巢。等长大一些了，它们便开始外出觅食，保卫巢穴不受敌人侵犯。

你好姐姐！

你好妹妹！

最不寻常的蚂蚁

蚁丘中最不寻常的蚂蚁是蚁后。我们并不能经常见到蚁后，甚至连蚂蚁研究者都很少能见到它。蚁后深藏在蚁丘中，每个蚁丘通常只有一位蚁后。

蚁后是蚁丘中最重要的蚂蚁，因为是由它负责产卵、生育新的蚂蚁。蚁丘中也只有它有这种能力，它一生中可以生育几百万只蚂蚁，蚁丘里所有的蚂蚁都是它的孩子。

蚁后的体形比工蚁要大，长着一个特别大的腹部，几百万颗卵子全都藏在那里。工蚁为它觅食，蹭它的身体。工蚁能通过闻气味来判断蚁后是否健康，是否能继续产卵。如果蚁后发出的气味表明它不再像一只健康的蚁后，那么工蚁们就会放弃继续照顾它，开始尝试自己产卵。

妈妈好！

嗯，它的气味好好闻！

138 224号你好！

最难见到的蚂蚁是蚁后

最懒惰的蚂蚁

雄蚁在蚁巢里很少见。一年只出生一批雄蚁，它们跟那些后来会变成蚁后的蚂蚁"公主"同时出生。雄蚁和蚂蚁"公主"出生时都是带有翅膀的，它们在蚁巢里只生活几周，然后就会飞走去跟其他蚁巢的蚂蚁"公主"和雄蚁在空中完成交配。其后的日子里，蚁丘里就只剩下雌蚁。

在蚁群中，雄蚁们几乎不做任何事情。它们的颚很软，无法自己进食，得由工蚁来给它们喂食。

再来点蜂蜜，谢谢！

如果这里只有我们女孩就好了。

最懒的蚂蚁是雄蚁

1

最狡猾的蚂蚁

当蚁后还是年轻的"公主"时，它是有翅膀的。它能用翅膀从自己出生的蚁巢飞出去，和别的蚁巢的雄蚁交配。交配完成后它便会落到地上，扯掉自己的翅膀。

这之后，蚁后曾用来飞行的肌肉，就需要用来做一项繁重的工作——建造新巢穴。

看，
那儿来了一群男孩！

夏末时节，你或许可以看见蚁后们爬来爬去，在寻找一个可以挖巢穴的地方。它们选择在地上、中空的树枝上，或者腐朽的原木表面挖一个坑，然后在里面产卵。

待到卵发育成小幼虫，幼虫成长为工蚁，这些工蚁便开始照顾自己的妈妈。蚁后终于可以躺在那里好好享受了。

有些蚁后要更狡猾一些。在下面这张图上，一只蚁后偷偷溜进了一个完全不同种类的蚂蚁巢穴中，杀掉了巢穴里原来的蚁后，接管了蚁群。这便完全省去了自己挖巢的麻烦。

这个树桩其实已经被别的蚂蚁占了！

哈哈！

最狡猾的蚂蚁是蚁后

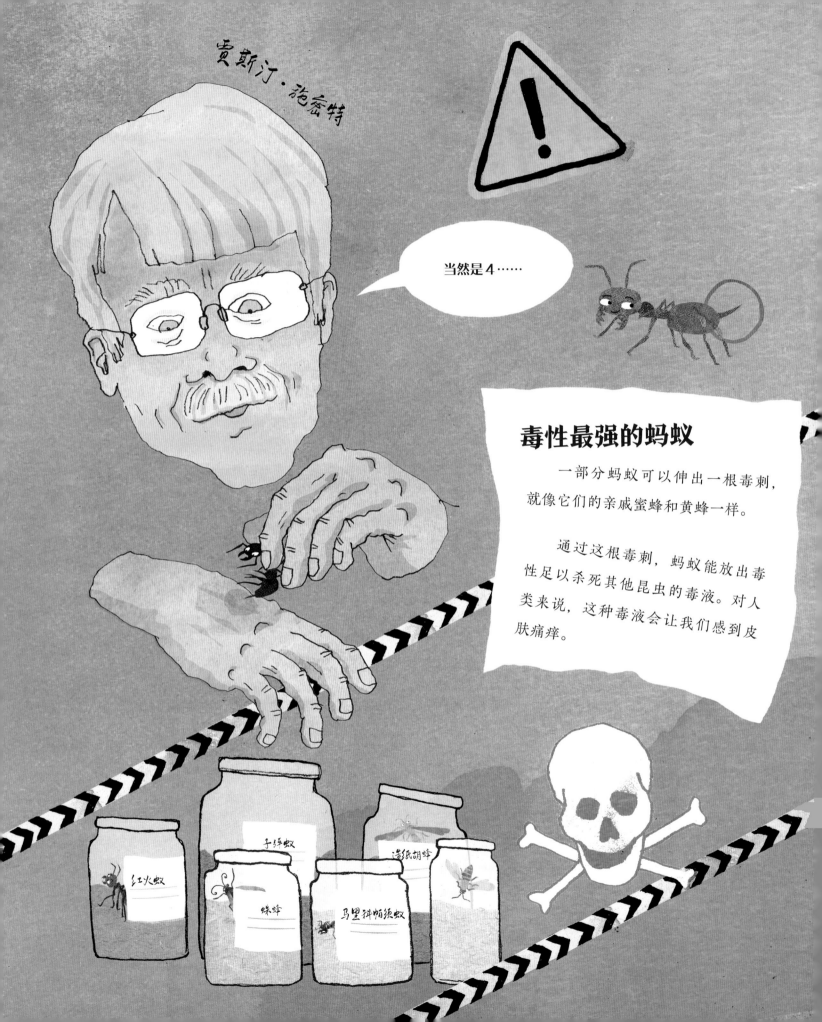

棒结近猛蚁是南美洲的一种带毒液的蚂蚁，也常被称为子弹蚁。人被这种蚂蚁叮咬之后的感觉就像被子弹击中一样，会持续疼好几个小时。

可是人们怎么知道这是被昆虫叮咬后最疼的刺痛呢？美国昆虫学家贾斯汀·施密特当年专门做了个测试，体验了被很多昆虫叮咬的疼痛感，并编写了"疼痛指数"排行榜，将疼痛指数的满分设定为4分，他为被子弹蚁叮咬后的疼痛感打了最高的4分。

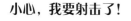
小心，我要射击了！

疼痛指数

4	子弹蚁	蛛蜂
3	造纸胡蜂	马里科帕须蚁
2	蜜蜂	犬蚁
1	红火蚁	隧蜂

经过几百万年的进化，很多种类的丘蚁身上已经没有刺了，在需要的时候，它们改为了用颚咬。它们不能释放毒液，但能形成蚁酸，用来向敌人喷射。如果我们去闻一闻蚁群，或有一天趁蚂蚁们外出时把手放在蚁丘上，就能闻到手指上蚁酸的气味。不过要小心一点，过多的蚁酸可能会腐蚀皮肤！

北欧最易愤怒的蚂蚁

北欧大约有80种蚂蚁，它们绝大多数不会侵犯人类，但小红蚁是一类极具攻击性的蚂蚁。它们就像黄蜂一样有一根刺，被它们蜇伤后，就像被火灼伤的感觉一样。

小红蚁一般生活在潮湿的地方，比如苔藓中，所以下回当你坐到一块长着苔藓的石头上时，要小心一点！

丘蚁是没有刺的，幸好是这样，这类森林中最常见的蚂蚁对我们才不会有过大的威胁。但它们有很大的颚，用来把针叶搬到蚁丘那里。有时候它们也会用颚咬你一下。

我也叫"毒液蚂蚁"或"撒尿蚂蚁"。

最易愤怒的蚂蚁是小红蚁

当心，靴子怪物来了！

弓背蚁比它们看起来的样子要危险，它们是芬兰最大的蚂蚁，蚁后身长大约相当于十美分硬币直径的长度。弓背蚁也没有刺，它们更喜欢啃树而不是咬人。它们在木头中啃出通道，把自己的巢建在那里。通常在树桩上建巢就够了，但有时候弓背蚁也会噬咬房屋的墙。

糖蚁是个小可爱。它们既不叮人也不咬人，但它们喜欢果酱三明治、蜂蜜和其他甜的东西。所以当春天自然界没有太多可吃的东西时，糖蚁经常会爬进人类的住所里。到了夏天，糖蚁通常就不容易见着了。

这是我的房子！

我能进来借点糖吗？

最奇怪的食物

蚂蚁吃各种东西：其他小动物、树叶、种子和菌类等。蚂蚁的食物中最奇怪的是蚜虫的排泄物。世界上有很大一部分蚂蚁都是以蚜虫的排泄物为生的。比如糖蚁和丘蚁会从蚜虫的腹部挤出一种含糖的液体——蜜露。蚜虫就像是蚂蚁们的"奶牛"。如果你看见蚂蚁们爬上了一棵树，它们肯定就是去找蚜虫——蚜虫通常生活在阔叶或针叶上面。

蚂蚁们会精心看护它们的"奶牛"。蚜虫的天敌瓢虫喜欢吃蚜虫，一旦有瓢虫靠近蚜虫群，蚂蚁们就会毫不犹豫地把它们赶走。

而对蚜虫来说，如果多余的蜜露不能被及时挤出体外，它们就会溺死！

哞哞

不过最奇怪的还要数德古拉蚂蚁的食物。德古拉蚂蚁竟然会吸食自己幼蚁的血！幼蚁是它们蚁巢中储备的一种食物。

当德古拉蚂蚁饥饿难耐时，它们就会在幼蚁身上刺一个洞，吸食一些幼蚁的血液。幸运的是，幼蚁不会因此死掉，而是会发育成完全正常的成年蚂蚁。

最奇怪饮食习惯奖颁给德古拉蚂蚁

不，妈妈，别吃我！

最恐怖的蚂蚁

在南美洲生活着一种蚂蚁，它们的颚就像叉子一样，这些"叉子"是用来"叉"蜈蚣的。蚂蚁先是叮一下蜈蚣，让蜈蚣浑身麻痹。当蜈蚣像肉块一样被蚂蚁"叉"住后，蚂蚁就会用腿把蜈蚣的刺毛剃去，然后把它活活吃掉。

最恐怖的蚂蚁是"叉子蚂蚁"

蚂蚁本身非常小，人几乎都没法用肉眼看到它们的颚。

跑得最快的蚂蚁

世界上跑得最快的蚂蚁生活在沙漠里。在这里，白天沙子非常烫，人们甚至在上面煎鸡蛋。在巢穴外寻找食物的蚂蚁得尽可能以最快的速度返回地下凉爽的巢穴里。

长腿沙漠蚂蚁一秒钟能跑相当于自己身长100倍的距离。假如你也能跑得一样快，就可以在一秒钟内从奥林匹克体育场的一头跑到另一头。

为了辨识方向、找回巢穴，蚂蚁会观察太阳在天空中的位置、寻找规律。此外，它们还会边跑边数自己的步数。这可难度不小，因为它们每秒钟能跑40步！

跑得最快的蚂蚁是长腿沙漠蚂蚁

437步，438步

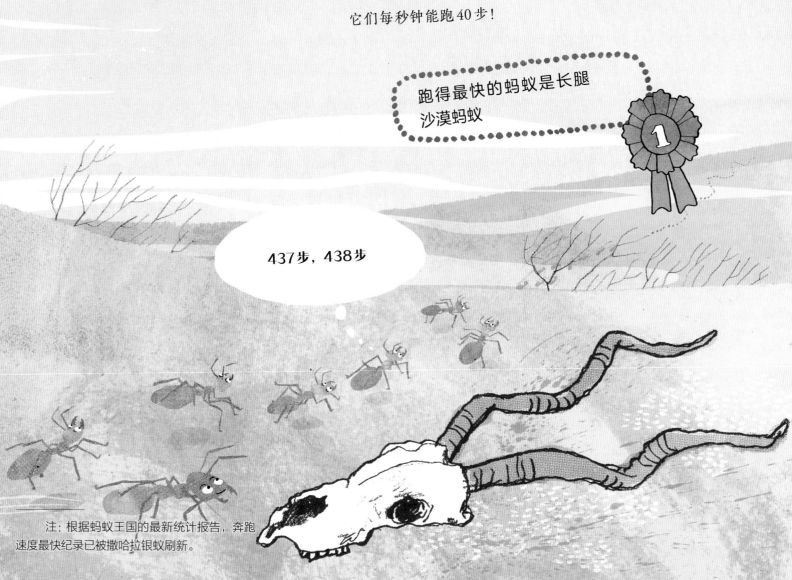

注：根据蚂蚁王国的最新统计报告，奔跑速度最快纪录已被撒哈拉银蚁刷新。

最强壮的蚂蚁是阿兹特克蚁

最强壮的蚂蚁

阿兹特克蚁埋伏在树叶背面等待蝴蝶。当蝴蝶落在树叶上时，阿兹特克蚁会用颚抓住它，用脚上的刺紧紧勾住树叶边缘。每只蚂蚁可以承受相当于自身体重5 000倍的重量。假如我们能和阿兹特克蚁同样强壮，就可以用脚趾将自己倒挂在半空中的绳子上，用嘴叼住一架大型飞机。

有时候蚂蚁们会用自己的力气把同伴抬起来。很多蚂蚁冬天和夏天住的蚁丘是不同的，它们搬去"夏季别墅"时，通常是由一只蚂蚁抬着另一只蚂蚁去的。

你这个懒鬼。

谢谢你搭了我一程!

蚂蚁们太小了、太轻了，所以要把同伴的身体抬起来，只需要极小的力气。它们可以调动所有的肌肉来拖、抱和举同伴。如果能将你和你的伙伴缩小到蚂蚁那么小，你也能很轻松地将自己的伙伴举起来!

最佳蚂蚁农民

蚂蚁世界最好的农民是切叶蚁。它们在自己的巢穴内部种植了大量真菌。切叶蚁首先把叶子切成碎片，再将小叶片背回蚁巢，然后用它们来培养真菌。真菌就是切叶蚁的庄稼。真菌中产生的液体和菌丝含有丰富的营养，主要供给切叶蚁幼虫和蚁后食用。

有时候为防止真菌遭遇疾病，切叶蚁会在带回的小叶片上播撒一种药，那是蚂蚁皮肤上分泌的一种抗生素。

切叶蚁公主从巢穴中飞出去时会带上一小块菌种。当公主找到一个建造新巢穴的好地方时，就会把菌种种植在巢穴的天花板上。

最佳农民是切叶蚁

最爱干净的蚂蚁

　　蚂蚁是非常爱干净的动物。如果你见过一只猫洗澡的样子，就知道蚂蚁是怎么清洁身体的了：它们用嘴来舔自己的身体，嘴够不到的地方就用腿来清理。它们腿上长有很多类似"小刷子"和"小梳子"的身体结构，用来清除身上的垃圾。

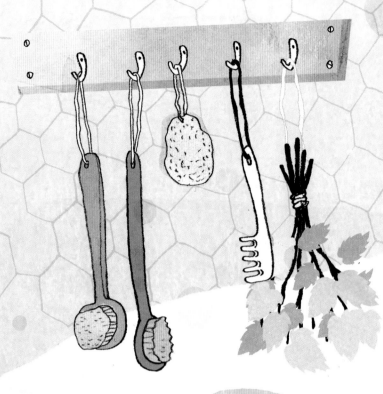

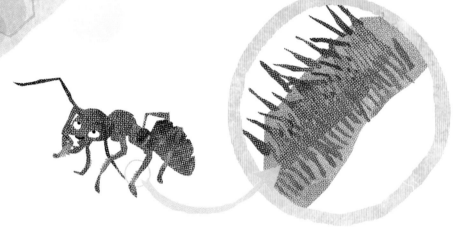

　　丘蚁还从针叶林中获取树脂。树脂能杀死细菌，尤其是在同蚁酸结合以后。蚁丘里的树脂块是真正的固体杀菌剂！

蚂蚁们在自己的巢穴中会用多种不同的清洁剂。丘蚁的屁股会喷出蚁酸，它们会将蚁酸涂抹在巢穴上和幼虫身上。蚁酸是一种可以杀死细菌的物质，所以蚁酸也被用于贮存动物饲料。芬兰生物化学家阿尔图里·伊尔马里·维尔塔宁进行了这方面的研究并获得成功，这让他获得了1945年的诺贝尔化学奖。

阿尔图里·伊尔马里·维尔塔宁

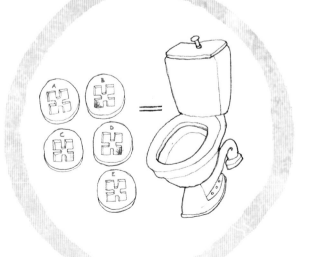

最爱干净奖颁发给糖蚁

最爱干净奖应该颁发给糖蚁，爱干净的它们甚至还有固定的厕所。它们总是在巢穴的某一个固定角落里大小便。科学家们把糖蚁放到一个用石膏做的窝里，给它们吃添加了色素的食物，然后发现窝的一个固定角落里会出现颜色鲜艳的斑点——它们的粪便。

最勇敢的蚂蚁士兵

婆罗洲生活着一种爆炸平头蚁，它们把自己的巢建在雨林的树干上。巢穴中住着两种不同的工蚁。大工蚁拿肉身当大门，负责阻止陌生蚂蚁进入它们的巢穴。它们用自己长得很像软木塞的脑袋堵住巢穴的洞。

最勇敢的蚂蚁士兵是婆罗洲的爆炸平头蚁

小工蚁通过自体"爆炸"的方式来保卫它们的巢穴。

如果有来自附近巢穴的陌生蚂蚁来犯，小工蚁会将它牢牢抓住。小工蚁会紧紧收起腹部肌肉，使体壁裂开，从中喷射出一种黄色的黏稠毒液，将敌人杀死。

不不不！
黏液！！！

脸皮最厚的骗子

如果你仔细观察一整个蚁丘，就会发现这里还有上百个其他物种，它们像客人或寄生虫一样生活在这个蚁丘中。有些物种只用蚁丘来当窝，但另一些会偷盗蚂蚁们拖进来的美食，甚至把蚂蚁们的幼虫吃掉。

脸皮最厚的骗子当属眼灰蝶。眼灰蝶幼虫会分泌出一种和红蚁幼虫气味相似的化学物质，用它来吸引红蚁。红蚁误以为它们是自己丢失的幼虫，便把它们抱回家来喂养。眼灰蝶幼虫非但不感激红蚁，还会把红蚁的幼虫吃掉。最后它们化蛹成蝶，长得比红蚁还要大，变成了成年蝴蝶。

我只是一只小小的红蚁宝宝！

脸皮最厚的骗子是眼灰蝶

最贪吃的食蚁动物

有些动物几乎只吃蚂蚁。

食蚁兽生活在北美洲和南美洲，穿山甲生活在非洲和亚洲，针鼹（yǎn）生活在澳大利亚。所有这些动物都有强壮的前腿和大爪子，用于在蚁巢的通道里进行挖掘。它们有细细的鼻子和又长又黏的舌头，用来把蚂蚁舔出来。

但是这些动物没有牙齿，它们将小小的蚂蚁整个儿吞进肚子。它们还有厚厚的毛皮或坚硬的皮肤，在愤怒的蚂蚁叮咬它们时能起到防护作用。

最贪吃的食蚁动物是食蚁兽、穿山甲和针鼹

我的舌头最长！

不，我的最长！

你们还是看看我的吧！

在芬兰，啄木鸟和熊很喜欢吃蚂蚁。它们尤其喜欢在早春时节吃蚂蚁，因为那时自然界中没有太多其他能吃的东西。

人类也会吃蚂蚁。过去在芬兰，人们吃蚂蚁的蛹。在拉丁美洲，人们烤切叶蚁，把它们当成爆米花来吃。在亚洲，人们把织叶蚁做成一种调味酱。

蚂蚁最好的恒温器

蚂蚁是变温动物，这意味着它们的体温随着周围环境温度的变化而变化。天气暖和时，蚂蚁的体温高，动作敏捷；天气寒冷时，它们则会变得身体僵硬、动作缓慢。

夏天，工蚁会给蚁丘通风，让温度保持相对稳定。工蚁还会经常来回移动幼虫和蛹。蚂蚁宝宝得始终保持不冷不热的舒适体温，才能快速成长。

冬天，蚂蚁们会紧紧抱成一团，钻进蚁丘最下面的泥土中。在很深的地里，泥土不会结冰，所以抱成团的蚂蚁可以安稳地度过冬天。

春天，一些热量渗进土里，蚂蚁们开始缓缓地活动起来，给自己热身。它们的活动让蚁丘内的温度随之升高，你会看见蚁丘顶部的积雪开始融化，露出了土壤。

最佳恒温器的头衔授予蚁丘

寿命最长的蚂蚁

一只蚂蚁能活多久取决于它属于哪一种类型。蚁后的寿命可以很长。科学家洛塔·桑德斯特伦跟踪观察了一只生活在芬兰海域某岛上的毛眼林蚁，发现它已经活了30岁！这只蚁后是迄今为止世界上活得最长的昆虫。

最长寿蚂蚁是毛眼林蚁蚁后

洛塔·桑德斯特伦

然而有些工蚁的寿命只有一年左右。它们在夏天出生，度过秋天、冬天、春天……然后在第二年的冬天死去。也就是说，在一个蚁巢里生活着不少不满一岁的工蚁。

我妹妹非常幼稚。

我妹妹也是！几个月大的小孩最幼稚了。

我们交配完立刻就死了，只能长到几周大。

活的时间这么短，这对我们不公平！

可你们不需要一辈子不停地工作。

长途旅行距离最远的蚂蚁

蚂蚁通过搭人类的便车到世界各处旅行，并在新的地方定居。当人类把盆栽植物、种子和蔬菜从一个大洲寄到另一个大洲时，总会有一两只蚂蚁很轻松地偷偷跟了过去。如果旅行者中恰巧有一只蚁后，它一落地就会迅速建造一个巢穴。所以，北欧会有从阿根廷来的入侵蚂蚁，澳大利亚会住着来自欧洲的红蚁。

有些蚂蚁会对新的生活环境造成伤害，所以我们通常要努力阻止这些蚂蚁繁衍和迁徙。

不过在2014年，一群美洲草地铺道蚁获准参加一次最远的长途旅行——800只蚂蚁被安排住进石膏做的窝里，前往国际空间站！宇航员们要研究它们是如何在失重情况下进行活动的。

长途旅行距离最远的蚂蚁是草地铺道蚁

　　蚂蚁们很适应这次太空旅行。如果有朝一日人类到另一个行星上定居，蚂蚁很可能也会跟去的。

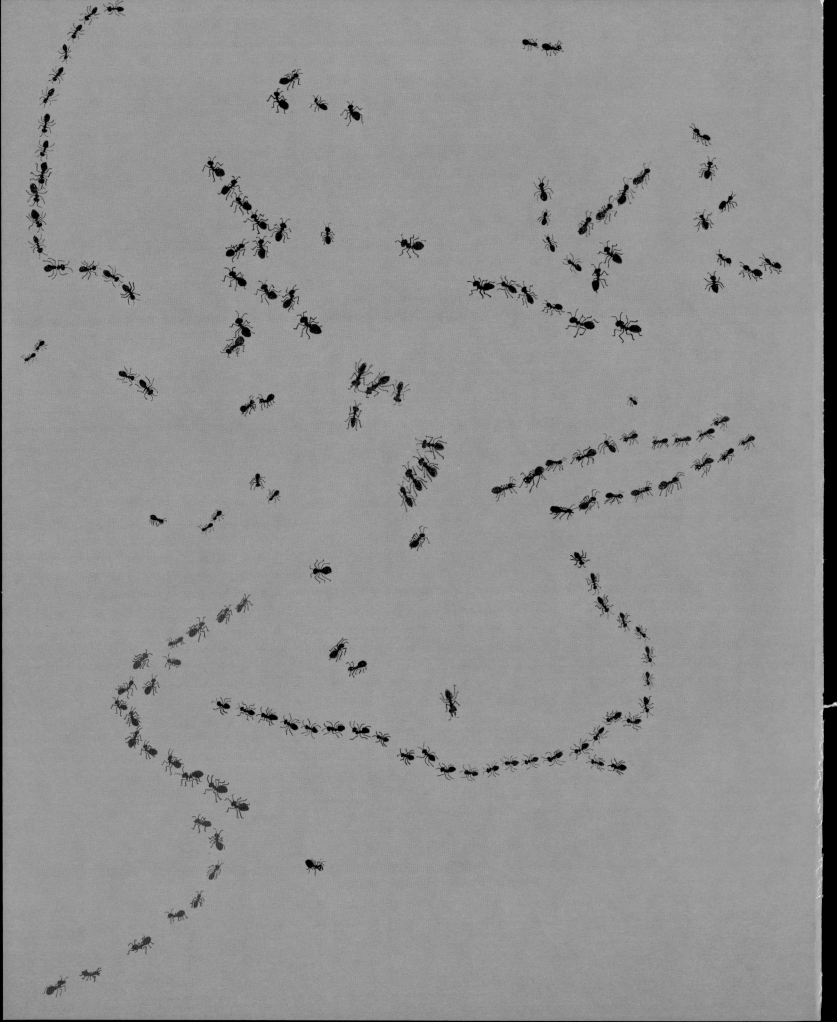